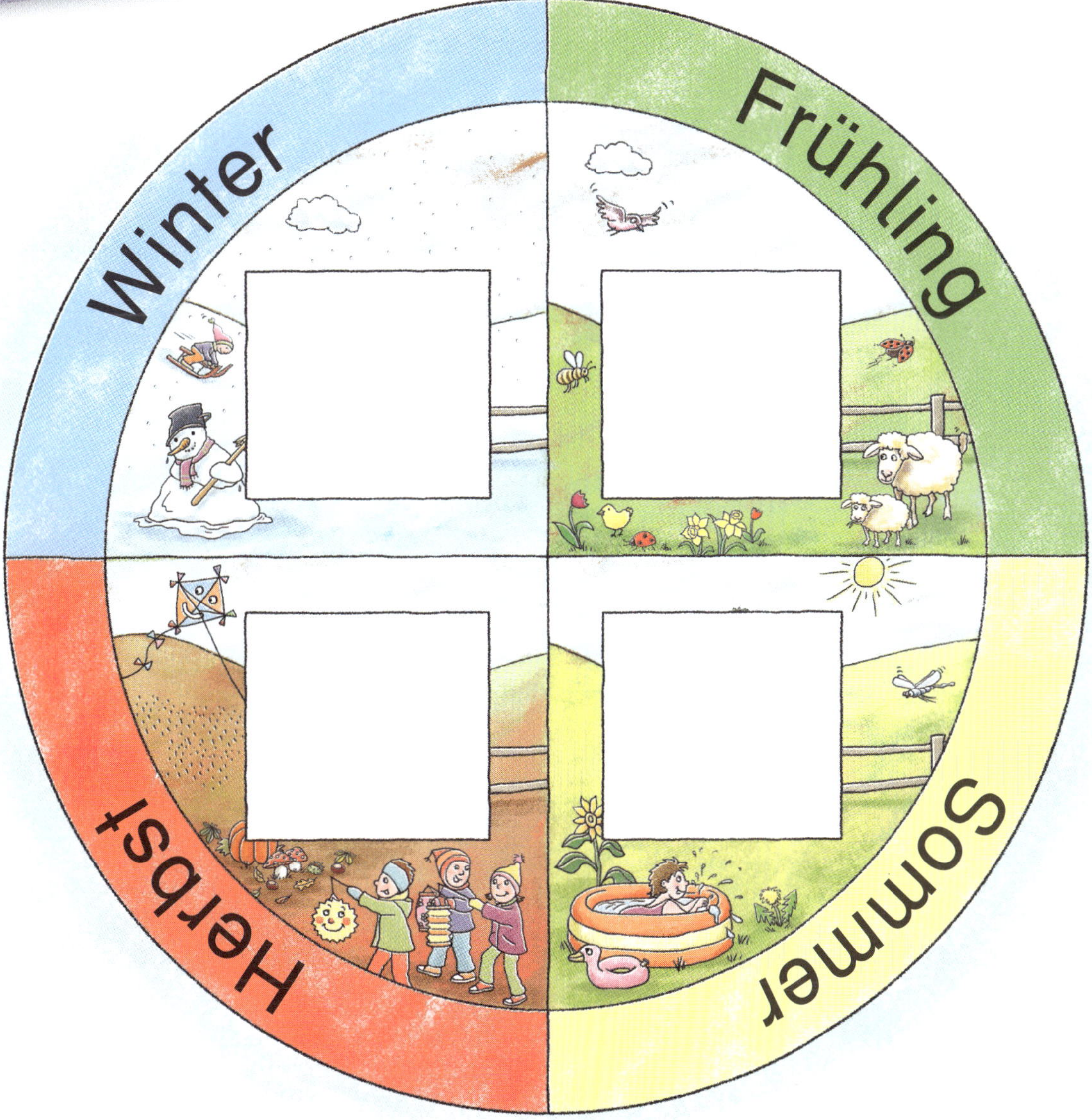

Starte mit! Flex und Flo (3-425-13588)

Passenden Baum zu den Jahreszeiten kleben.

Starte mit! Flex und Flo (3-425-13588)

Passende Frühlingsbilder aufkleben. Zwei Bilder passen nicht.

Passende Sommerbilder aufkleben. Zwei Bilder passen nicht.

Starte mit! Flex und Flo (3-425-13588)

Passende Herbstbilder aufkleben. Zwei Bilder passen nicht.

Starte mit! Flex und Flo (3-425-13588)

Passende Winterbilder aufkleben. Zwei Bilder passen nicht.

Starte mit! Flex und Flo (3-425-13588)

Klebebogen: Bilder von Seite 2c oben in der richtigen zeitlichen Reihenfolge aufkleben.
Den passenden farblichen Rahmen wählen.

Starte mit! Flex und Flo (3-425-13588)

Klebebogen: Fehlende Bilder von Seite 2c unten aufkleben.
Den passenden farblichen Rahmen wählen.

Starte mit! Flex und Flo (3-425-13588)

Schneidebogen: Bilder ausschneiden, in die richtige Reihenfolge bringen und den passenden farblichen Rahmen zuordnen.

Starte mit! Flex und Flo (3-425-13588)

Starte mit! Flex und Flo (3-425-13588)

Münzen richtig färben oder Zahl eintragen.

Starte mit! Flex und Flo (3-425-13588)

Alle Euro-Münzen durchstreichen.

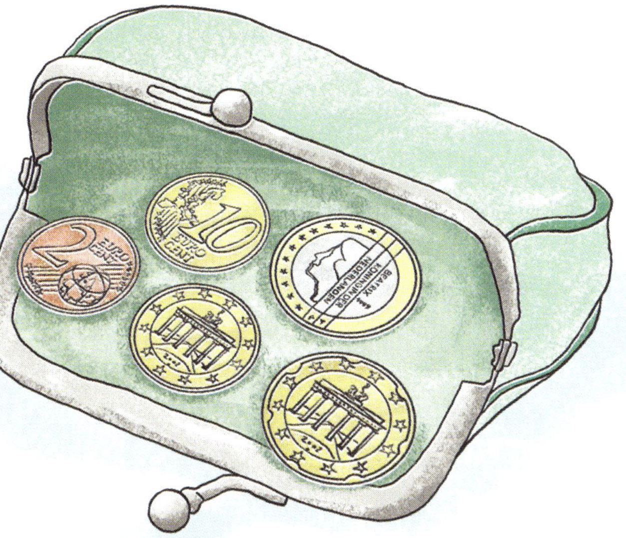

Alle Cent-Münzen durchstreichen.

Starte mit! Flex und Flo (3-425-13588)

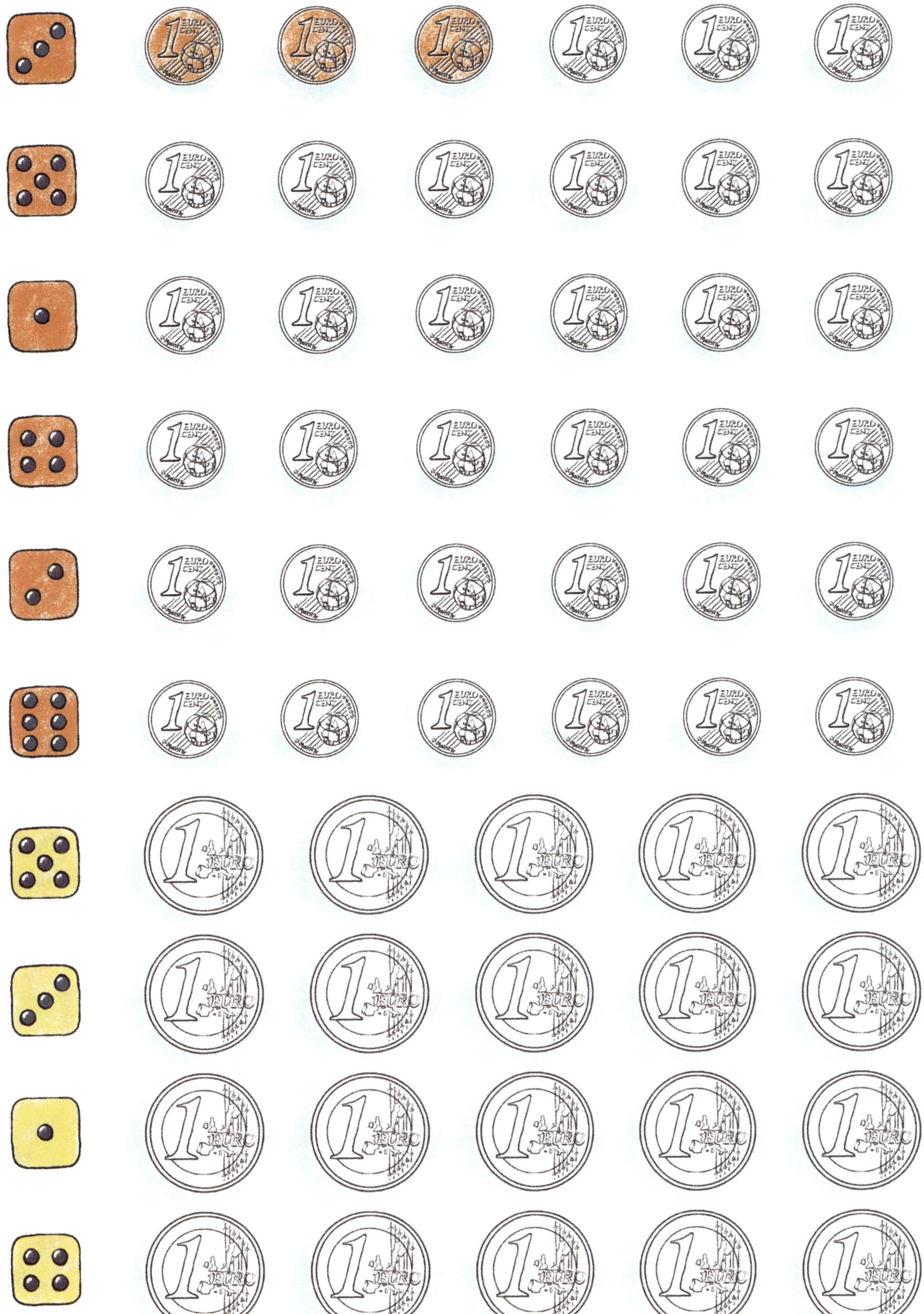

Dem Würfelbild entsprechend die Münzen färben.

Starte mit! Flex und Flo (3-425-13588)

Ankreuzen. Was ist größer?
Das Kind sucht die entsprechenden Gegenstände in seiner Umgebung und vergleicht seine eigene Größe mit der des Gegenstandes.

Starte mit! Flex und Flo (3-425-13588)

Klebebogen: Personen der Größe nach sortieren und entsprechend dem farblichen Rahmen aufkleben. Es gibt verschiedene Möglichkeiten. Zwei Bilder bleiben übrig.

Schneidebogen: Personen ausschneiden, nach farbigen Rahmen trennen und der Größe nach sortieren.

Klebebogen: Bäume und Gebäude der Größe nach von unten nach oben sortieren und nebeneinander aufkleben.

Starte mit! Flex und Flo (3-425-13588)

Schneidebogen: Bäume und Gebäude ausschneiden und der Größe nach sortieren.

Starte mit! Flex und Flo (3-425-13588)

Was ist schwerer? Entsprechenden Gegenstand ankreuzen.

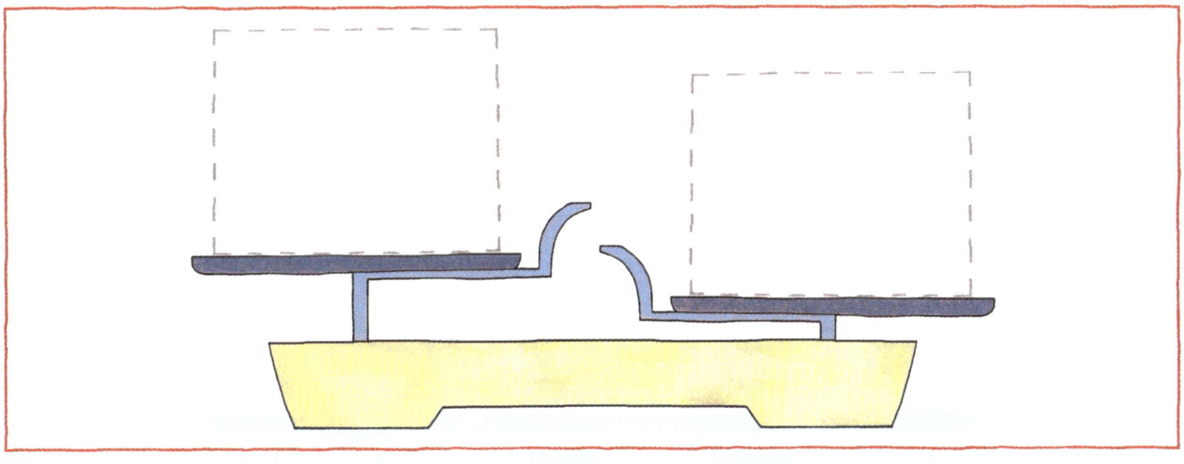

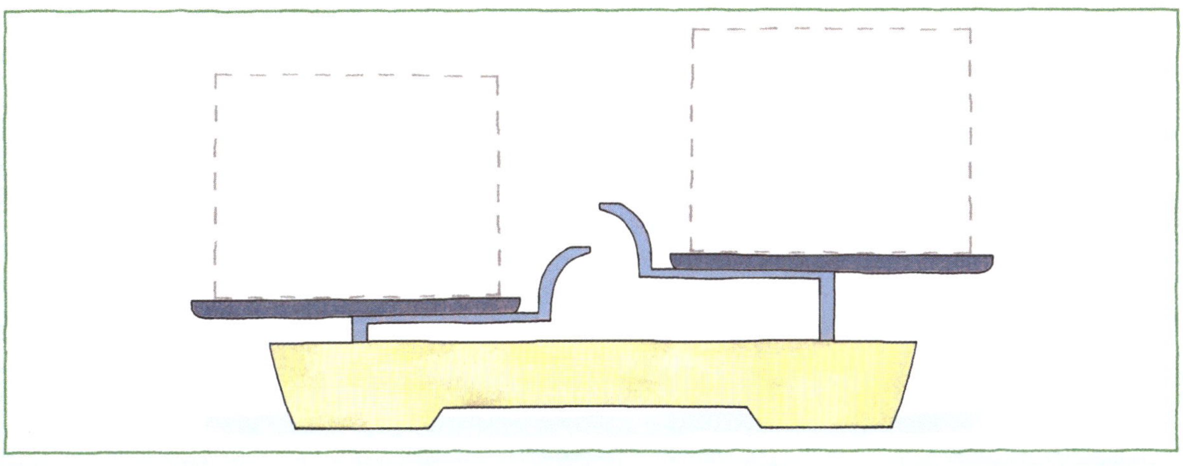

Starte mit! Flex und Flo (3-425-13588)

Gegenstände dem Gewicht entsprechend aufkleben.
Den passenden farblichen Rahmen wählen.

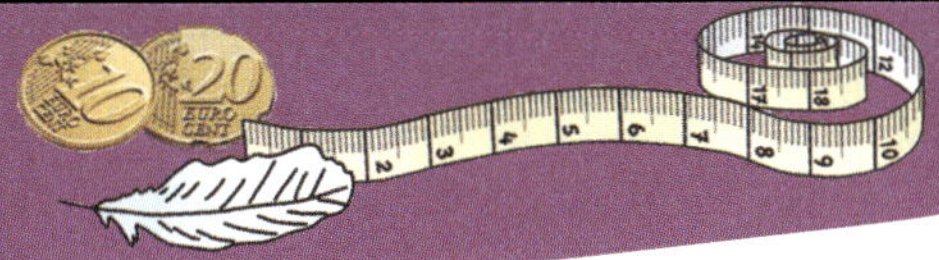

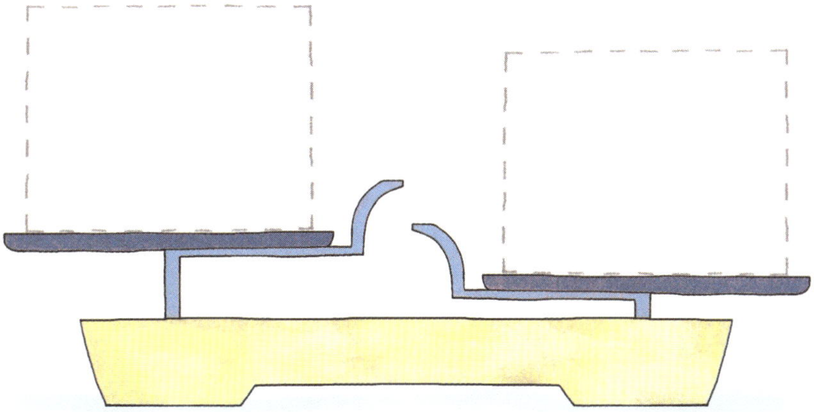

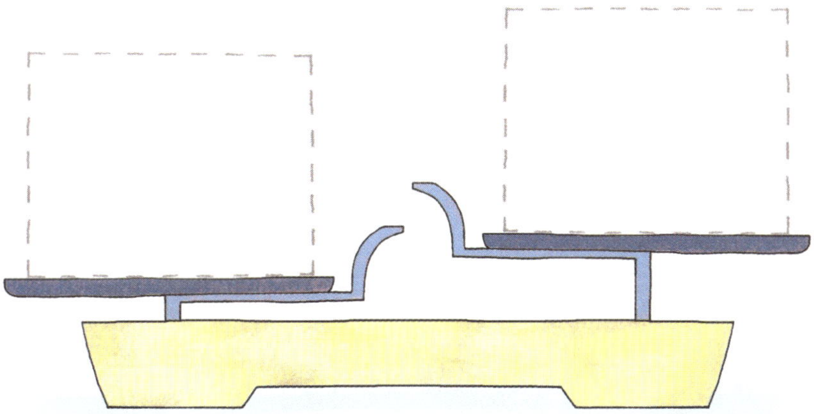

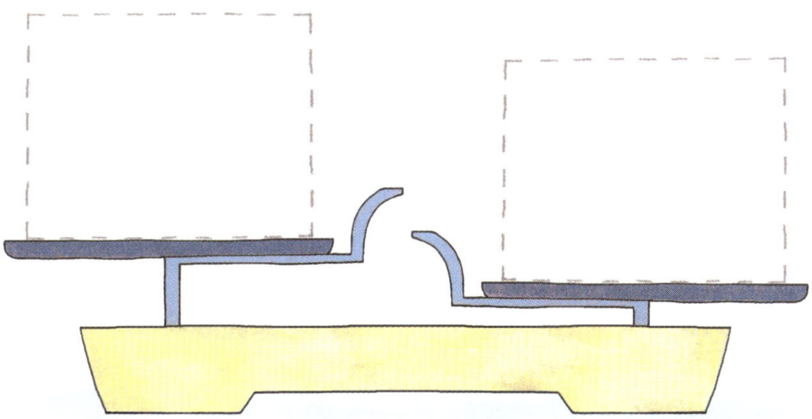

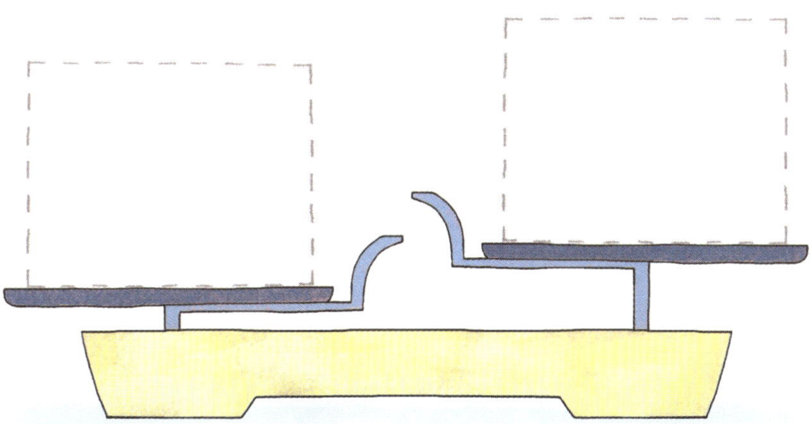

Passende Gegenstände nach Gewicht auf die Waage kleben.
Es gibt mehrere Möglichkeiten.

Klebebogen: Welches Tier ist schwerer? Bilder in der richtigen Reihenfolge aufkleben.
Mit dem leichtesten Tier beginnen. Den passenden farblichen Rahmen wählen.

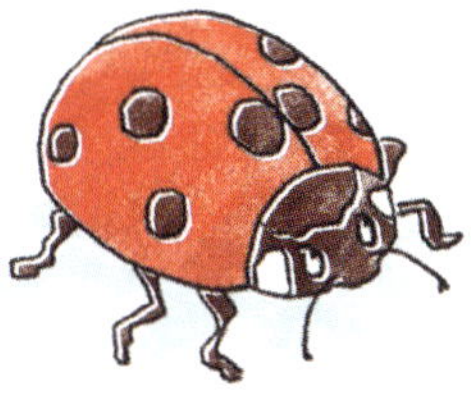

Starte mit! Flex und Flo (3-425-13588)

Klebebogen: Welches Tier ist schwerer? Fehlende Bilder passend einkleben.
Den passenden farblichen Rahmen wählen.

Schneidebogen: Welches Tier ist schwerer?
Bilder ausschneiden, in die richtige Reihenfolge bringen und den passenden farblichen Rahmen zuordnen.

Starte mit! Flex und Flo (3-425-13588)

Starte mit! Flex und Flo (3-425-13588)

Ankreuzen. In welches Gefäß passt mehr hinein?